SOLUTION

DE LA

GRAVE QUESTION SÉRICICOLE

Par la reproduction des races Japonaises

DOCUMENTS PUBLIÉS

PAR M. JULES RIEU, DE VALRÉAS (Vaucluse)

Introducteur et Propagateur en France depuis 1863

DE DEUX RACES ANNUELLES

L'UNE A COCONS BLANCS ET L'AUTRE A COCONS JAUNES

AVIGNON

IMPRIMERIE ADMINISTRATIVE GROS FRÈRES

Rue Géline, N° 3.

—

1865

1865

SOLUTION

de la

GRAVE QUESTION SÉRICICOLE

Par la reproduction des races Japonaises

DOCUMENTS PUBLIÉS

PAR M. JULES RIEU, DE VALRÉAS (Vaucluse)

Introducteur et Propagateur en France depuis 1863

DE DEUX RACES ANNUELLES

L'UNE A COCONS BLANCS ET L'AUTRE A COCONS JAUNES

AVIGNON

IMPRIMERIE ADMINISTRATIVE GROS FRÈRES

Rue Géline, No 3.

1865

SOLUTION

DE LA

GRAVE QUESTION SÉRICICOLE

PAR LA REPRODUCTION

DES RACES JAPONAISES

La grande question, la question capitale pour la sériciculture, est celle-ci : *Les races japonaises se reproduiront - elles, se perpétueront - elles sous notre climat ?*

Je n'hésite pas à faire à cette question une réponse formellement affirmative.

Oui, les *races japonaises se reproduisent et se perpétuent sous notre climat.* C'est un fait établi par l'exemple d'une race annuelle à cocons blancs, apportée du Japon en Europe au commencemen tde 1861, que j'ai introduite en France en 1863 et propagée sans interruption dans plusieurs départements, sans qu'elle ait rien perdu de sa vitalité primitive.

Ma simple affirmation d'un fait de si haute portée serait, je le sens, de bien peu de valeur auprès de beaucoup de lecteurs naturellement défiants, si elle n'était confirmée par de nombreux et imposants témoignages.

Ceux que je produis ici ont une autorité irrécusable, car ils émanent d'éducateurs qu'on ne soupçonnera pas d'avoir voulu préconiser une provenance qui aurait trompé leur légitime attente.

Jules RIEU,

Sériciculteur.

Valréas, le 28 juillet 1865.

DOCUMENTS

Goudargues, le 19 mai 1865.

Monsieur Rieu,

Il m'est bien agréable de vous adresser ces quelques lignes pour vous dire que je viens de visiter quelques chambrées approvisionnées en partie de votre graine acclimatée à cocons blancs. Je vous assure qu'elles promettent beaucoup; les unes sont à la quatrième maladie, les plus en retard sortent de la troisième et ne laissent rien à désirer; pas un ver malade : les petits que vous annonciez dans votre brochure ont disparu par l'acclimatation.

Je vous prierai donc, Monsieur, que dès que vous serez en mesure de livrer de cette précieuse race, de vouloir bien m'en aviser; déjà plusieurs demandes me sont faites.

Recevez, etc.   BALLAN, père.

Valréas, le 31 mai 1865.

Monsieur Jules Rieu,

Je m'empresse de porter à votre connaissance que vos japons acclimatés ont fait merveille dans notre magnanerie. Ils sont prêts à décoconner et font l'admiration de tous ceux qui viennent les voir.

Recevez, Monsieur, etc.   JABERT, imprimeur.

Marseille, le 31 mai 1865.

Monsieur RIEU,

Je réponds à votre circulaire du 29 mai. Les dix cartons de vos graines blanches ont été mis à l'incubation en même temps que vingt cartons d'importation directe.

Leur éclosion a été plus dure et plus tardive. Les vers montent depuis hier. Ils ont bonne apparence, quoique ayant eu moins de vigueur que ceux importés directement.

Il est probable que demain la montée sera complète; je m'empresserai de vous en dire le résultat.

J'avais eu de bien vives craintes sur les graines importées directement; un essai précoce fait à Cavaillon avait complètement échoué après l'éclosion.

Pourriez-vous me réserver quelques cartons de votre race jaune? Je les essayerai volontiers.

Je vous salue, etc.

Signé : Max. PICHAUD.

Céreste, le 1er juin 1865.

Monsieur Jules RIEU,

J'ai reçu votre lettre du 29 mai, à laquelle je m'empresse de répondre. Je ne puis pour le moment vous donner tous les renseignements que vous me faites l'honneur de me demander sur la race japonaise à cocons blancs que vous avez bien voulu nous envoyer.

Ils arrivent à peine à la quatrième mue ; quelques-uns sont déjà sortis et paraissent très-vigoureux.

En attendant, etc.   Signé : J. D. ANTIQ.

St-Maurice, le 1er juin 1865.

Monsieur Jules RIEU,

Sur votre demande, je me fais un plaisir de vous dire que l'once de graines du Japon acclimatée que vous nous avez livrée a parfaitement réussi, et que nous n'avons reconnu aux vers aucun symptôme de maladie. Le rendement en cocons a été très-satisfaisant.

Votre dévoué,

Signé : CHARAVIN Casimir.

Tulette, le 1er juin 1865.

Monsieur Jules RIEU,

Je ne puis que me féliciter d'avoir pris de vos graines ; elles m'ont donné un très-bon résultat, et les vers n'ont eu aucune trace de maladie. Je ne saurais trop vous engager à continuer les grainages de cette race.

Votre bien dévouée,

Signée : Julie ROUX.

Margerie, le 2 juin 1865.

Monsieur RIEU,

L'année dernière, sur les cocons que je devais vous rendre de votre race japonaise, j'en gardai quelques-uns que je fis grainer, ce qui a fait le fond de ma récolte cette année. Je me plais à constater que j'ai reconnu une amélioration sur l'année dernière. Les vers ont atteint un développement plus fort, ils ont été toujours très-vigoureux et sont montés à la bruyère avec beaucoup plus d'entrain que l'année passée et que certaines graines de dernière importation.

J'ai gardé des cocons pour mes graines de l'année prochaine, et je ne saurais trop vous engager à continuer le grainage de votre belle race, qui gagne beaucoup par l'acclimatation.

Recevez, Monsieur, etc.

Signé : Casimir Barthélemy.

Nivolas, le 3 juin 1865.

Monsieur Rieu,

En réponse à votre lettre du 29 mai, j'ai l'honneur de vous informer que les vers à soie à cocons blancs, graine de Japon acclimatée que vous m'avez fournie, sont très-bien allés, tous attachés aujourd'hui à la bruyère, étant très-durs, d'une forme encore assez grosse. Je ne puis encore aujourd'hui vous en dire le poids, n'étant pas défaits.

J'ai à vous annoncer aussi que deux onces de graines de pays que j'ai élevées en même temps que les vôtres, ont tous péri à la réveillée des quatre et étaient jusque-là très-jolis; inutile pour le moment de se servir des graines de nos contrées.

Recevez, Monsieur, etc.

Signé : Bel, aîné.

Empurany, le 3 juin 1865.

Monsieur Rieu,

Vos Japons, qui, jusqu'à présent, sont arrivés à la montée, ont généralement bien réussi. C'est une bonne recommandation pour la vente de la campagne prochaine.

Les autres qualités ne vont pas aussi bien et, en général, les vers d'autres provenances ne satisfont pas les éducateurs. On ne peut pas cependant se prononcer d'une manière définitive, parce que tout n'est pas fini. Dans une prochaine lettre, je vous ferai connaître tous les résultats obtenus.

Je crois que vos Japons feront, l'année prochaine, des envieux. J'espère qu'il s'en fera un placement considérable. Girard se chargera d'en placer dans tous nos environs, pourvu que vous le laissiez seul représentant de votre maison pour cette localité.

Veuillez, agréer, Monsieur, etc.

Signé : Rebatet, notaire.

Les Mages, le 4 juin 1865.

Monsieur Jules Rieu,

Nous avons reçu votre lettre et je réponds courrier par courrier. Nos trois onces de graines ont réussi à merveille, même j'ose vous dire, Monsieur, que tout le voisinage a été appelé de ma part à visiter ma chambrée.

Veuillez bien avoir la bonté de me dire si, dans la huitaine, je peux vous faire une visite afin de voir votre grainage ; ayez la bonté de me dire, dans le cas où je viendrai visiter votre grainage, s'il faut passer par le Pont-St-Esprit ou bien par la ligne de Nîmes ; enfin, veuillez me tracer le plus court chemin et le point d'arrêt pour arriver à Valréas.

Comme vous voyez, pour moi la réussite est parfaite, mais il n'en est pas ainsi dans tout l'arrondissement d'Alais ; c'est la plus mauvaise année de toutes ; nos pays sont perdus et désolés ; je plains mes semblables, et, si je pouvais leur procurer un avenir pour l'année prochaine, c'est du fond de mon cœur que je me dévoue à faire tous les sacrifices possibles. Dans tout cela, ce n'est pas une affaire d'intérêt que je cherche, mais, me trouvant dans le centre du pays où l'on cultive les vers-à-soie, je voudrais, si je pouvais, l'année prochaine faire revivre notre pauvre canton ; avec cet espoir je m'adresse à vous, Monsieur, pour le placement de vos graines japonaises, blanches et jaunes, de reproduction.

Si ma demande, etc.

Votre dévoué,   Signé : BARGETON.

Mâcon, le 4 juin 1865.

Monsieur RIEU,

J'ai terminé hier seulement l'éducation des graines de Japon reproduites que vous avez eu la complaisance de m'adresser pour joindre à celles sur lesquelles je fais des essais.

L'éclosion a été un peu lente, inconvénient que l'on reproche généralement à cette race ; mais, à partir de l'éclosion jusqu'à la montée, ils ont marché avec un ensemble et une vigueur remarquables. Pas un n'a fait défaut, et les cocons, quoique petits, sont très-durs et d'un beau grain. Le résultat est très-bon.

M. Guérin-Méneville m'avait également envoyé 4 lots de graines parmi lesquelles se trouvait un de Japon 4me génération en Europe. Cette graine à cocons verts a également donné des résultats très-satisfaisants, tandis que, à côté, les races du Levant, de Montigny, de Paris, etc., étaient plus ou moins frappées par la maladie.

Les graines japonaises, dernière importation, ont eu les honneurs de la dernière campagne ; mais il sera extrêmement intéressant de savoir si les reproductions donnent également de bons résultats, et mes essais disent *Oui*. Aussi, je vais reproduire avec un soin tout particulier celle des graines que vous m'avez envoyée et celle de M. Guérin-Méneville, qui me donneront une 5me génération. Nous verrons si elles conserveront toute leur robusticité.

En attendant, je vous fais mes compliments bien sincères sur les beaux résultats de vos graines.

Veuillez agréer, Monsieur, etc.

Signé : BOURNE,
(Inspecteur des Contributions directes).

Pont-en-Royans, le 4 juin 1863.

Monsieur RIEU,

Je reçois à l'instant votre circulaire portant la date du 29 mai ; je m'empresse d'y répondre.

Vos cartons ont bien marché jusqu'à la montée : *vers vigoureux, beaux, mues régulières et promptes, cocons beaux, conformes aux modèles reçus, bonne qualité.*

Je n'ai pas de nouvelles de ceux que j'ai livrés, depuis la quatrième mue. A cette époque, *tous allaient bien*. Je n'ai gardé qu'un carton pour moi.

Toutes les autres races ont manqué ici, etc.

Votre dévoué,

Signé : FOURNIER, docteur-médecin.

St-André-de-Cruzières, le 4 juin 1865.

Monsieur RIEU,

Lorsque j'ai reçu votre pli s'intéressant à la réussite de la graine japonaise acclimatée que vous m'avez fournie, j'étais en train de mettre la bruyère aux vers, c'est pourquoi j'ai attendu jusqu'à ce jour pour vous répondre. Aujourd'hui, mes bruyères sont chargées de beaux cocons qui produisent le meiller effet, et, franchement, je n'ai qu'à me louer de mes vers sous tous les rapports ; ils sont robustes et travailleurs.

Recevez, Monsieur, mes salutations empressées.

Signé : JULIEN fils.

Les Espiallets, le 4 juin 1865.

Monsieur RIEU,

J'ai reçu votre honorée, datée du 29 mai. Le résultat que j'ai obtenu de vos graines du Japon acclimatées, j'en suis très-content.

J'eus tort de vous en faire la demande si petite.

Pour la prochaine récolte, je vous fais la demande de 6 cartons, attendu que dans le *Guide pratique* que vous m'avez envoyé, Monsieur, vous engagez à la reproduction.

Veuillez agréer, Monsieur, l'assurance de ma considération dévouée.

Je vous salue,

Signé : Eugène PORTAT

Lyon, le 5 juin 1865.

Monsieur Jules RIEU,

Le carton de Japon que vous m'avez adressé a bien marché, c'est décoconné ; les cocons sont bons et conformes aux échantillons que vous avez joints au carton. Enfin, ils sont bien préférables pour la qualité et la bonté, à deux cartons qu'une voisine a faits, cartons achetés à Lyon, d'origine du Japon ; les cocons, pas aussi réguliers, et les doubles en bien plus grande quantité que dans les miens.

Veuillez agréer, Monsieur, etc.

Signé : André BOGY et Cᵉ.

Goudargues, le 5 juin 1865.

Monsieur RIEU,

Je veux essayer si je serai plus heureux cette fois qu'au printemps ; n'ayant pas eu un cocon, j'ai recours à l'automne prochain. Veuillez, Monsieur, être assez bon pour me donner connaissance si vous pourrez me fournir *deux onces* de graine Japon (race annuelle) lorsqu'il en sera temps. Plusieurs personnes de mes voisins seraient décidées à en faire aussi.

J'ai vu une chambrée de cocons blancs dont la graine a été fournie par vous ; c'est tout-à-fait magnifique.

En attendant, etc.

Signé : ORY.

Valréas, le 6 juin 1865.

Monsieur Jules RIEU,

Je ne puis trop vous faire de louanges de vos graines de vos vers à soie acclimatées du Japon, parce que j'avais pris de trois autres différentes graines ; il n'y a eu que la vôtre qui nous ait donné de très-bons résultats : les autres ont échoué complètement, ce qui prouve que vos vers sont très-robustes et très-sains.

Recevez, Monsieur, ma pleine confiance en vos graines pour l'année prochaine. Je vous salue.

Signé : ROUX-XAVIER.

Salon, le 8 juin 1865.

Monsieur RIEU,

Je m'empresse de vous faire connaître le résultat de vos graines du Japon ; les vers vont à merveille. J'ai vu quelques personnes qui sont venues apporter la montre de leurs cocons ; elles espèrent 40 kilogr. par once.

Les miens que je viens de leur mettre la bruyère paraissent avoir de bonnes dispositions.

Veuillez, Monsieur, continuer à faire de ces graines.

J'ai l'honneur, Monsieur, etc.

Signé : Simon BARD, teinturier.

Salon, le 23 juin 1865.

Monsieur RIEU,

Je viens vous donner quelques résultats produits par vos graines japonaises à cocons blancs. Pour *mon compte*, *deux onces* de 25 grammes m'ont produit 52 kilogrammes. La *femme Fabre*, *une once* de 25 grammes, 35 *kilogrammes*. *Marel*, *une once* de 25 grammes, 56 kilogrammes.

Les autres vendues dans les villages voisins, je ne connais pas le chiffre; quelques-unes m'ont dit, en venant apporter leur montre, qu'elles pensaient avoir près de 40 kilogr. par once. Je ne puis vous dire le chiffre au juste.

Tout à vous, votre dévoué serviteur.

Signé : Simon BARD, teinturier.

———————

Richerenche, le 11 juin 1865.

Monsieur RIEU,

L'année dernière, sur les graines que vous m'aviez vendues, et dont je devais vous rendre tous les cocons, j'ai gardé la valeur environ *d'un hectogramme;* ma femme le fit grainer, et cette année j'ai récolté 11 *kilog.* de cocons de toute beauté.

Votre race japonaise gagne d'année en année ; les vers ont été excessivement robustes, et ils sont montés avec une rapidité parfaite, et tous ceux qui ont fait comme moi dans la commune ont eu une parfaite récolte. Vous faites la fortune de nos pays en débitant des graines de ce mérite.

Veuillez, Monsieur Rieu, me garder de votre graine pour l'année prochaine.

Signé : Henri GIRAUD.

St-Hippolyte-du-Fort, le 11 juin 1865.

Monsieur Rieu,

Je prends la liberté de vous écrire pour vous faire savoir que j'ai *acheté* des cocons blancs *de la graine qui avait été fabriquée par vous*, provenance du *Japon* à une seule récolte. Je vous félicite d'avoir donné cette graine, car l'on a eu de bons rendements. J'avais occasion, du temps des essais précoces, de voir à chaque mue le progrès de vos essais. J'ai un ami qui m'en faisait part; cet ami, c'est M. Salze. A chaque mue il recevait une circulaire de votre part; c'est après m'être consulté avec lui que je vous écris la présente. Si toutefois vous n'avez pas de représentant à St-Hippolyte, je me propose de vous représenter et même de faire des ventes assez considérables. Seulement des graines du Japon *sur vos cartons ;* à toute autre graine j'y renonce. Si par hasard vous pouviez fournir une quantité de graines jaunes, toujours du Japon, je vous prie, si cela peut vous être agréable, de me faire réponse de suite ; vous feriez un placement considérable.

J'ai l'honneur d'être, etc.

Signé : LAMARQUE.

Richerenche, le 12 juin 1865.

Monsieur Rieu,

C'est un devoir que je dois remplir en vous disant que la graine des vers à soie de votre belle race japonaise à cocons blancs nous a donné une très-belle réussite extraordinaire. A peine 50 *kilogrammes* de graines mises à l'éclosion m'ont rendu 60 *kilogrammes* de cocons de toute beauté. Ma chambrée a fait l'admiration de tous mes parents et amis. Depuis bien longtemps on n'avait rien vu d'aussi beau dans tous nos environs, et si vous faites grainer à part mon parti de cocons, ainsi que vous me l'avez fait espérer, toute la graine qu'il vous produira vous sera retenue à l'avance par des personnes de ma connaissance, qui se précautionnent d'aller visiter vos grainages.

C'est en vous remerciant, Monsieur, de m'avoir si bien servi, et vous assure toute ma confiance, et j'espère que cette année vous me servirez aussi bien. J'ai l'honneur de vous saluer.

Signé : Bousselet Urbain, propriétaire.

Rousset, le 20 juin 1865.

Monsieur Rieu,

Je me fais un plaisir de vous signaler la belle réussite que j'ai obtenue avec les graines que vous nous avez délivrées.

Nous les étant partagées avec mon fils, qui habite la Bâtie-Rolland, des *cinq onces* de graines que nous avions, nous n'avons pas obtenu moins de *cent quarante-deux kilogrammes.*

C'est un devoir pour nous de vous envoyer la majeure partie de notre récolte, soit environ cent trente-cinq à cent quarante kilogrammes.

Nous gardons le restant pour nos graines de l'année prochaine.

Dans tous nos environs il n'y a que votre graine qui ait donné une récolte complète, tandis que toutes les autres races échouaient.

Nous avons remarqué avec la plus grande satisfaction que votre race a produit des cocons encore plus beaux pour la forme que ceux de l'année dernière, et nous approuvons complètement votre manière de voir, que désormais nous pourrons faire nous-mêmes les graines qui nous seront nécessaires pour nos récoltes.

Tout ce que vous avez fait, est une vraie victoire séricicole.

Votre respectueux serviteur,

Signé : Durand père,

propriétaire à Rousset et à la Bâtie-Rolland

Grillon, le 20 juin 1865.

Monsieur Rieu,

Je ne pourrais trop vous dire combien je suis heureux de m'être approvisionné de vos graines de vers à soie à cocons blancs et d'avoir suivi vos conseils en donnant la préférence à vos graines japonaises. Nous n'avions jamais élevé de vers aussi robustes et aussi vigoureux ; aussi puis-je vous offrir ma récolte, qui est complète. On vient de tous côtés me solliciter pour avoir des cocons pour faire grainer ; mais, sachant que vous allez continuer un grainage de cette belle race, je vous donne la préférence, m'en rapportant entièrement à vous pour le prix de mes cocons. Quelques-uns de nos voisins ont également élevé de la même graine qu'ils avaient prise chez vous. Dans notre localité, il n'est question que de la belle récolte qu'ils ont obtenue eux-mêmes. Je vous renouvelle mes remercîments pour m'avoir si bien servi, et suis votre tout dévoué.

Signé : Charpenel Gracien.

Pernes, le 8 juillet 1865.

Monsieur Rieu,

D'après le conseil que vous m'en avez donné, j'ai fait filer les cocons que j'ai récoltés des graines de votre race japonaise annuelle à beaux cocons blancs. Chaque 10 *kilogr.* de cocons filés m'ont donné 1 *kilogr* de soie d'une blancheur et d'une netteté magnifiques, dont on m'a offert, au dernier marché de Carpentras, 98 francs du kilogr.

Je n'ai pas voulu céder à ce prix, je tenais à 100 fr. ; j'espère y arriver, vu la belle qualité de la marchandise.

Agréez, Monsieur, etc.

Signé : IMBARD.

Margerie, le 10 juillet 1865.

Monsieur Jules Rieu,

Ayant eu l'occasion de voir ces jours derniers, à Montélimar, M. Coster, avoué, à qui j'avais fait cadeau, dans le courant de janvier dernier, d'environ un gramme de vos Japons annuels de troisième reproduction, ce Monsieur m'a assuré avoir pesé la graine que je lui avais donnée, y compris le papier sur lequel elle était déposée ; le tout pesait *un gramme*, qui lui a donné *un kilog et demi* de cocons blancs de toute bonté et d'une très-belle forme. M. Coster a fait grainer ce kilog. et demi de cocons ; il a pour cela suivi les instructions que vous avez publiées, et il a fabriqué pour sa récolte de 1866 une graine magnifique.

Si nous ajoutons à la récolte que nous avons eue avec les deux onces que vous nous avez livrées :

1 kil. 50   récolté par M. Coster ;

5 kil. » »   environ que nous avons gardé pour nous ou nos amis pour nos graines de l'année prochaine ;

Et 72 kil. 40   que mon frère ou moi, vous avons portés, nous trouvons :

____

Net : 78 kil. 90   Ce qui est un rendement comme nous n'étions plus habitués à en avoir depuis longtemps.

Recevez, Monsieur, etc.

Signé : CHOLET.

Avignon. — Impr. adm. Gros Frères.